ART MAKE UP DESIGN BOOK

아트 메이크업 디자인 북

저자소개

송서현

서울대학교 환경대학원 환경조경학과 석사
경성대학교 대학원 의상학과 이학박사
현재 오산대학교 헤어아트과 교수
주요 저서
NAIL DESIGN ADVANCE(2011)
BEAUTY COLOR THEORY(2009)
아트 메이크업(2009)
MAKE-UP BASIC(2007)

김은희

한성대학교 예술대학원 패션예술학과 석사
성신여자대학교 대학원 의류학과(메이크업 전공) 이학박사
현재 진주보건대학교 피부미용과 교수
주요 저서
베이직 메이크업(2012)
메이크업 패턴북(2006)
토탈패션코디네이션(2004)

EUGENE POKOTILOV

International make-up artist
International make-up & bodypainting judge
2012~2011 International STYLIST CONGRESS Greece 에어브러시 make-up & bodypainting 특강
현재 "ATELIER MAKE-UP International PARIS" Korea 수석 make-up artist
"ATELIER BEAUTY ACADEMY Korea" 교육이사
활동
2009~2012 대구국제바디 페인팅페스티벌 심사위원
CIDESCO BODY ART & MAKE-UP COMPETITION 심사위원
대한민국 뷰티디자인엑스포 메이크업 컨테스트 심사위원

ART MAKE UP DESIGN BOOK
아트 메이크업 디자인 북

2013년 2월 26일 초판 인쇄
2013년 3월 6일 초판 발행

· **지은이** 송서현 외 · **펴낸이** 류제동 · **펴낸곳** (주)교 문 사

· **전무이사** 양계성 · **편집부장** 모은영 · **책임편집** 정혜재
· **본문디자인** 다오멀티플라이 · **표지디자인** 다오멀티플라이 · **제작** 김선형 · **홍보** 김미선
· **영업** 이진석, 정용섭, 송기윤 · **출력** 현대미디어 · **인쇄** 동화인쇄 · **제본** 한진제본

· **주소** 413-756 경기도 파주시 교하읍 문발리 출판문화정보산업단지 536-2
· **전화** 031-955-6111(代) · **팩스** 031-955-0955
· **등록** 1960. 10. 28. 제406-2006-000035호
· **홈페이지** www.kyomunsa.co.kr · **E-mail** webmaster@kyomunsa.co.kr
· ISBN 978-89-363-1342-5(93590)

값 25,000원

* 잘못된 책은 바꿔 드립니다.

ART MAKE UP DESIGN BOOK

아트 메이크업 디자인 북

송서현
/
김은희
/
Eugene Pokotilov
지음

(주)교 문 사

ART MAKE UP DESIGN BOOK

머리말

최근 영상·이미지 문화가 사회 전반을 주도하면서 메이크업은 단지 미적 욕구의 충족을 넘어 미용예술의 한 분야로 자리매김하고 있을 뿐만 아니라 산업적인 부가가치의 증가와 그에 따른 사회적 위상이 높아짐에 따라 학문적으로도 가치 있게 연구되고 있다.

아트 메이크업ART MAKE UP은 ART + MAKE UP의 합성어로 얼굴 혹은 신체를 대상으로 각양각색의 그림 형태, 장식 등을 이용하여 강한 메시지를 전달하는 것이다. 또한 자신의 생각이나 주제를 표현하거나 창의적으로 이미지화하여 메이크업을 예술의 경지로 만드는 분야로 각종 행사와 이벤트 및 다양한 광고에서도 그 영역이 확장되고 있으며 미용관련 대학 및 미용교육 현장에서도 아트 메이크업이나 바디 페인팅에 대한 강의가 많이 이루어지고 있다.

학문의 현장에서 아트 메이크업 기초 교육의 필요성을 느끼던 차에 저자들은 실습패턴을 활용하여 실전에 필요한 다양한 아트 메이크업 패턴에 대한 표현방식을 익혀 시술 전에 미리 시술 후를 예측할 수 있도록 하고, 아트 메이크업의 다양한 디자인 구상 및 연습을 할 수 있도록 이 책을 발간하게 되었다. 아트 메이크업을 처음 공부하고자 하는 학생들이 아트 메이크업에 대해 쉽게 이해하고 빠른 기간 내에 익숙해지도록 내용을 구성하려 최선을 다하였다.

'Chapter 1 아트 메이크업의 이해' 에서는 아트 메이크업의 개념 및 다양한 재료 및 도구에 대해 살펴보았다. 'Chapter 2 아트 메이크업의 표현기법'에서는 디자인 표현양식이나 사용하는 재료와 도구에 따라 달라지는 아트 메이크업의 다양한 표현기법에 대해 살펴보았다. 'Chapter 3 아트 메이크업 디자인 스케치'에서는 다양한 아트 메이크업을 분류하고 자료수집을 통한 이미지맵을 할 수 있도록 구성하였다. 'Chapter 4 디자인 실습'에서는 창의적이고 독창적인 디자인 패턴을 연습할 수 있도록 구성하였다.

이 책이 미용관련 대학 및 미용고육 현장의 학생들에게 아트 메이크업을 익히고 표현하는데 소중한 자료로 많이 활용되기를 바란다. 책이 출판되기까지 세심하게 편집과 원고정리에 정성을 다해 주신 (주)교문사 류제동 사장님과 양계성 전무님 이하 편집부 직원들에게 진심으로 감사를 드린다.

2013년 2월

저자 일동

ART MAKE UP DESIGN BOOK

차례

CHAPTER 1

아트
메이크업의
이해

아트 메이크업의 이해

1
한국미용학회(2003). **미용학사전**(p.573). 신광출판사.

1) 아트 메이크업의 개념

아트 메이크업은 'Art'와 'Make up'의 합성어로, 얼굴 또는 신체를 대상으로 각양각색의 그림 형태, 장식 등을 이용하여 강한 메시지Message를 전달하고, 자신의 생각이나 주제를 표현하거나 창의적으로 이미지화하여 메이크업을 예술의 경지로 만드는 분야이다.[1] 이러한 의미에서 아트 메이크업은 인체라는 캔버스에 형태Shape, 색채Color, 질감Texture의 조형요소와 다양한 재료와 도구를 사용하여 자신만의 창의적이고 독특한 이미지를 표현하는 예술이라 하겠다.

아트 메이크업의 유형은 크게 페이스 페인팅Face painting, 판타지 메이크업Fantasy make-up, 바디 페인팅Body painting으로 나누어지는데 인체에만 적용되었던 아트 메이크업의 영역이 아트 마스크, 메이크업 3D 일러스트레이션의 범위까지 확대되고 있다.

2) 재료 및 도구

재료

화이트 펜슬 White pencil
얼굴이나 몸에 디자인 스케치를 하기 위해 필요한 것으로 너무 무르지 않은 것을 선택한다.

파운데이션 Foundation
피부색을 조절하고 윤곽수정을 할 수 있으며, 파운데이션 성분에 따라 수성, 유성, 실리콘 베이스로 나뉜다.

파우더 Powder

파운데이션과 유성물감이 번지는 것을 고정시켜 준다.

펄 파우더 Pearl powder

부드럽고 윤기 있는 피부 표현을 가능하게 하고 메이크업의 지속력을 높인다. 파운데이션 직후 브러시를 사용해 바르면 쉬머링$_{\text{shimmering}}$ 효과가 극대화된다.

아이섀도 Eye shadow

눈, 눈썹, 볼, 바디에 사용 가능하며, 발색과 질감 표현을 위해 프라이머나 아쿠아 크림을 전 단계에 사용할 수 있다.

립 Lip

작품 주제에 따라 얼굴에 어울리는 색상을 선택하여 발라준다.

수성물감 Water base color

아쿠아 컬러 Aqua color

고체타입으로 물에 개어서 사용하며 두껍게 바르면 피부 움직임에 따라 갈라지는 현상이 있다. 땀이나 물에 지워질 우려가 있으므로 픽스 스프레이로 고정할 필요가 있다.

아쿠아 크림 Aqua cream

수성 상태로 소량의 물을 사용하여 작업하거나 물을 사용하지 않고 작업이 가능하다.

아쿠아렐 Aquarelle

액체 타입으로 흔들어 희석시킨 후 사용한다.

워터프루프 아쿠아 크림 Waterproof aqua cream

손가락 또는 브러시를 이용해서 눈두덩이, 치크, 립에 사용하며 빠르게 건조되므로 스피드하게 발라준다. 사용 후 제품의 휘발을 막기 위해 뚜껑을 꼭 닫아준다.

워터프루프 아쿠아 섀도 Waterproof aqua shadow

쉽고 빠르게 사용할 수 있는 펜슬 타입으로 2~3번 정도 선을 그려 채운 후 브러시로 정리해서 사용한다.

워터프루프 아쿠아 크림 라이너 Waterproof aqua cream liner

부드러운 사용감과 번지지 않고 선명한 라이너 표현이 가능하다.

워터프루프 아쿠아 라이너 Waterproof aqua liner

리퀴드 타입으로 컬러를 이용한 엣지$_{edge}$ 있는 라인을 연출한다. 사용 전에 흔들어 주고, 눈매의 중간 부분부터 바깥쪽 방향으로 먼저 그려주고, 브러시의 끝 부분으로 눈매 안쪽 부분을 채우기 시작하면서 중간과 연결되도록 한다.

UV 물감 UV color

형광색을 띠며 UV광인 블랙라이트에서 발광하는 특수한 물감이다. 다른 수성물감을 사용한 후 덧바를 수 있다.

유성물감 Oil base color

손이나 붓, 스펀지를 사용하며 발색력이 좋고 그라데이션이 용이하다. 마무리 시 투명 파우더를 사용한다.

글리터 Glitter

펄 파우더에 비해 입자가 크며 하이라이트 부분에 발라주면 입체감과 밀도감이 좋아진다. 투명 립글로스에 섞어 반짝이는 젤 형태로 눈썹이나 머리카락, 아이라이너, 립 등에 사용하여 질감의 변화도 줄 수 있다.

스톤 Stone

얼굴에 화려함을 주기 위해 부분적으로 장식하여 효과를 극대화시킨다.

속눈썹 Eye lash

다양한 형태의 속눈썹으로 눈매를 강조함으로써 환상적인 표현을 할 수 있다.

도구

브러시 Brush

사용목적에 따라 선을 표현하는 세필형 브러시, 면을 칠하는 타원형 브러시, 넓은 면을 칠하는 백브러시 등으로 나뉘며 탄력이 좋은 브러시를 선택한다.

스펀지 Sponge

용도에 따라 다양한 모양이 있으며 초보자도 쉽게 사용할 수 있다. 파운데이션이나 물감을 바르는 데 사용하며 그라데이션이 용이하다. 수염분장에 사용되는 스펀지는 독특한 질감 표현이 가능하다.

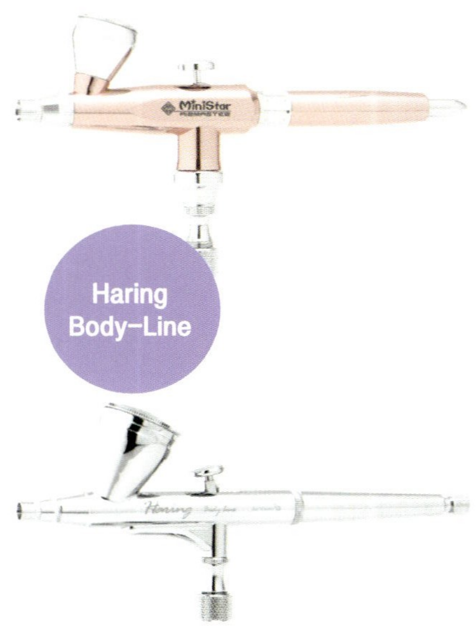

에어브러시 건 Airbursh gun

MINISTAR

노즐사이즈 0.3mm로 에어브러시 메이크업, 바디 페인팅, 네일아트 등에 사용한다. 알루미늄 바디로 가벼워 작업 시 손의 피로를 줄여주며 노즐과 니들이 스테인레스 재질로 잘 망가지지 않는다.

Haring Body-Line

노즐사이즈 0.3mm로 에어브러시 메이크업, 바디 페인팅, 네일아트 등에 사용한다. 대표적인 더블액션 스타일의 에어브러시 건이다.

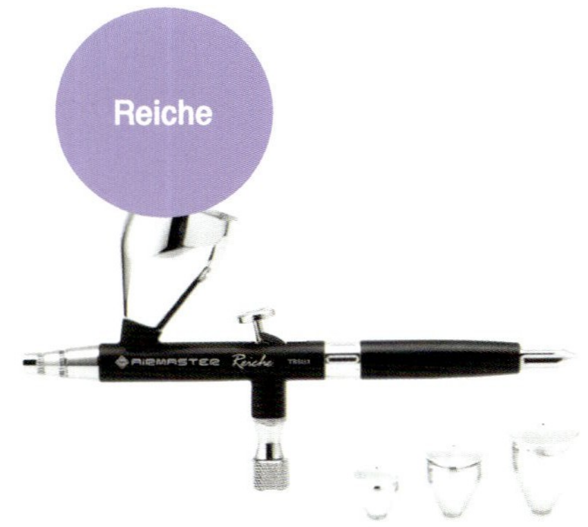

Reiche

노즐사이즈 0.3mm로 에어브러시 메이크업, 바디 페인팅, 네일아트 등에 사용한다. 알루미늄 바디로 가벼워 작업 시 손의 피로를 줄여주며 노즐과 니들이 스테인레스 재질로 잘 망가지지 않는다. 또한 3가지 메탈 컵 사이즈를 교체하여 사용 가능하다.

PRO-TC

노즐사이즈 0.3mm로 피부미용, 바디 페인팅 등에 사용한다. 방아쇠 타입의 에어브러시 건으로 누구나 쉽게 사용할 수 있고 2가지 메탈 컵을 선택하여 장착할 수 있다.

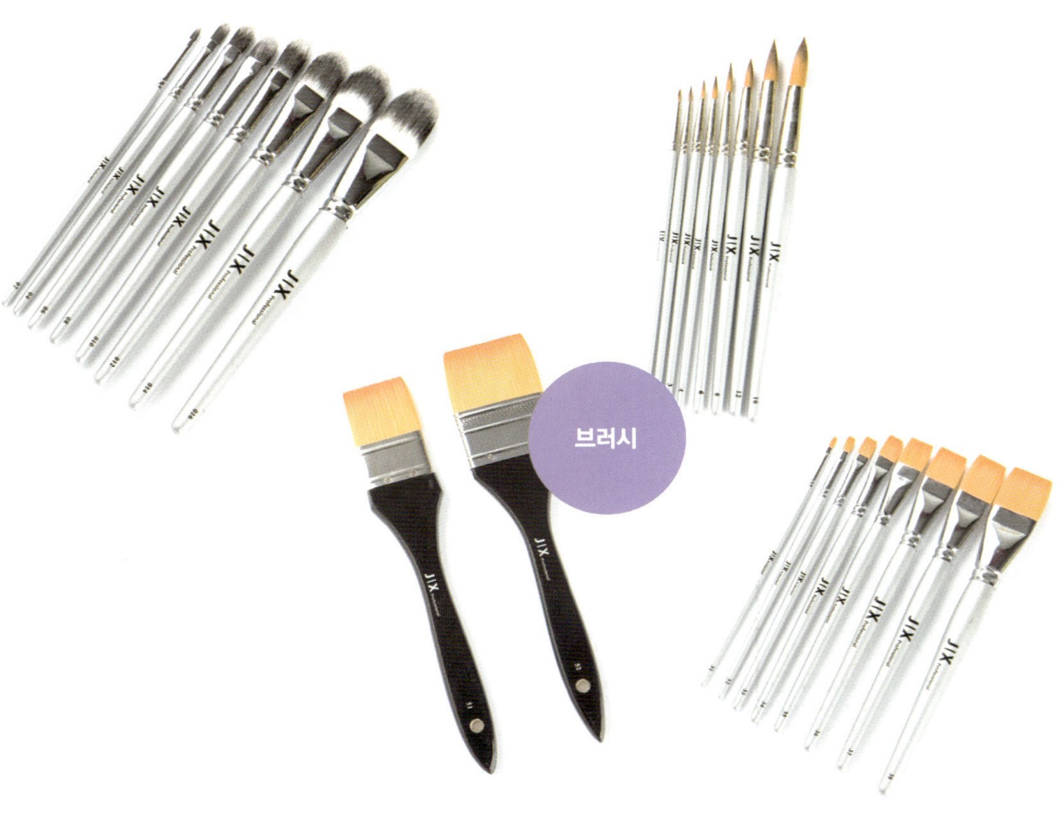

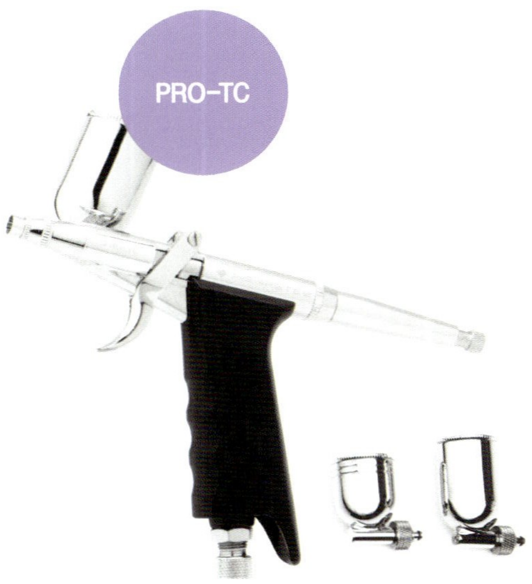

컴프레샤 Compressor

MINICOM-100

소형 미니 컴프레샤로 에어브러시 메이크업에 적합하다. 에어 생산량이 10.5L/min로 자동멈춤 ON/OFF 기능과 에어조절이 가능하고 건홀더가 장착되어 있다.

AMC-66

미니 컴프레샤로 에어브러시 메이크업에 사용한다. 에어 생산량이 12~13Lpm 최대 사용 압력은 50psi이다. 에어조절이 가능하고 건홀더가 장착되어 있는 미니 사이즈에 파워까지 겸비한 컴프레샤이다.

AMC-200X

미니 컴프레샤로 에어브러시 메이크업, 네일아트, 바디 페인팅 등에 사용한다. 에어 생산량이 12~16Lpm이며 자동 ON/OFF 오토매틱 센서가 장착되어 있어 모터에 무리가 가지 않고 바디 페인팅까지 사용 가능한 컴프레샤이다.

캐리어 NC-ONE

캐리어 가방 스타일로 이동이 편리하며 에어브러시 메이크업, 네일아트, 바디 페인팅 등 여러 분야에 사용 가능하다. 에어 생산량 23~25Lpm 1/6마력의 모터로 2.5리터의 에어탱크가 장착되어 있으며 오토매틱 센서 ON/OFF 기능이 있다. 캐리어 컴프레샤 옆 부분에 쿨링팬이 장착되어 있어 장시간 무리 없이 사용 가능하며 동시에 2인 사용도 가능하다.

액세서리 Accessory

GUN HOLDER

에어브러시 작업 시 에어브러시 건을 거치할 수 있는 장비로 고가의 에어브러시 건을 보호하기 위해서는 에어브러시 작업 시 꼭 갖춰야 할 필수제품이다.

CLEAN POT

에어브러시 작업 시 건을 청소할 때 사용하는 통으로 클린팟에 에어브러시 건을 꽂은 후 남은 페인트를 클린팟 안에 분사하고 물 또는 적용 크리너 용액으로 건을 청소한다. 클린팟을 사용함으로써 작업환경을 깨끗하게 유지할 수 있다.

에어조절 커플러 Coupler

에어브러시 건을 호스에서 분리할 때 공기의 유출현상을 막아주며 쉽고 간편하게 분리되도록 도와주는 역할을 한다. 호스 한 개에 여러 개의 건을 사용하면 분리와 결합의 번거러움을 없애준다. 호스에 커플러 바디 부분을 장착하고 에어브러시 건에 커플러 헤드 부분을 장착하면 된다. 사용할 에어브러시 건의 수량만큼 커플러 헤드 에어조절기가 달려 있는 카플러이다.

스텐실 Stencil, 바디, 페이스

에어브러시 디자인의 생명인 스텐실이다. 디자인의 사이즈 모양에 따라 바디 또는 페이스에 디자인을 할 수 있다. 반영구적으로 사용 가능하고, 아세톤에 녹지 않아 사용 후 아세톤에 스텐실을 담가 두어 깨끗이 닦아 주면 재사용이 가능하다. 여러 가지 스텐실의 디자인을 응용하여 자신만의 디자인을 연출할 수 있다.

컬러 Color

바디 페인팅 페인트 Bodypainting paint

이벤트성이 강한 바디 페인팅에 맞춰 장기적인 지속력보다 피부에 트러블이 없는 제품으로 피부의 주름으로 인해 생길 수 있는 갈라짐을 최소화했으며 시술 후 쉽게 물로 씻을 수 있다. 별도의 크리닝 리퀴드가 필요하지 않다.

파운데이션 컬러 Foundation color

실리콘 베이스로 된 에어브러시 전용 파운데이션 컬러이다. 수천수만 개의 미세한 입자로 피부 위에 도포되어 피부 상태에 상관없이 들뜸 현상이 없고 뭉침 없이 균일하게 메이크업이 가능하다. 또한 가볍게 밀착되면서 뛰어난 커버력을 지니고 있으며 워터프루프 타입으로 물이나 땀에 강하여 여름이나 해변의 물가에서 지워지거나 번짐이 없다. 자연스러운 피부톤과 그라데이션을 쉽게 연출할 수 있으며 섀도 및 칙까지 연출하는 색조화장도 가능하다.

파운데이션 크리너 리퀴드 Foundation cleaner liquid

파운데이션 크리너 리퀴드로 사용한 에어브러시 건 또는 브러시를 청소할 때 사용한다. 실리콘 베이스의 파운데이션을 자연스럽게 녹여 주어 건 막힘 현상을 없애 줄 수 있으며 파운데이션 컬러가 띡해졌을 때 띠너로서의 역할도 한다.

바디 페인팅 페인트

파운데이션 컬러

파운데이션 크리너 리퀴드

CHAPTER 2

아트
메이크업의
표현기법

아트 메이크업의 표현기법

아트 메이크업 표현기법은 디자인 표현양식이나 사용하는 재료나 도구에 따라 달라진다. 가장 일반적인 표현기법은 다음과 같다.

designed by 최지나

1) 그라데이션 Gradation

색상, 명도, 채도에 따라 점차적인 변화를 주는 기법으로 스펀지와 브러시를 이용하여 입체감을 표현할 수 있다.

2) 오브제 Objet

물감 이외의 다양한 재료를 부착하는 방법으로 레이스, 깃털, 글리터, 스팽글, 비즈 등을 이용해 입체적인 표현으로 완성도를 높일 수 있다. 일상에 존재하는 모든 사물이 아트 메이크업의 소재가 될 수 있으며 창의적인 디자인 발상으로 시각적 효과가 크다.

designed by Eugene Pokotilov
objet body painting, photo by hairGRAPHY

3) 착시 Trompe-l'oeil

속임수 그림이라는 뜻으로 착시를 불러일으키기 위해 배경이나 사물의 색채를 그대로 재현한다. 마치 의상을 입은 듯하며 인체와 배경이 하나가 보이게 표현하는 등 독특한 즐거움을 준다.

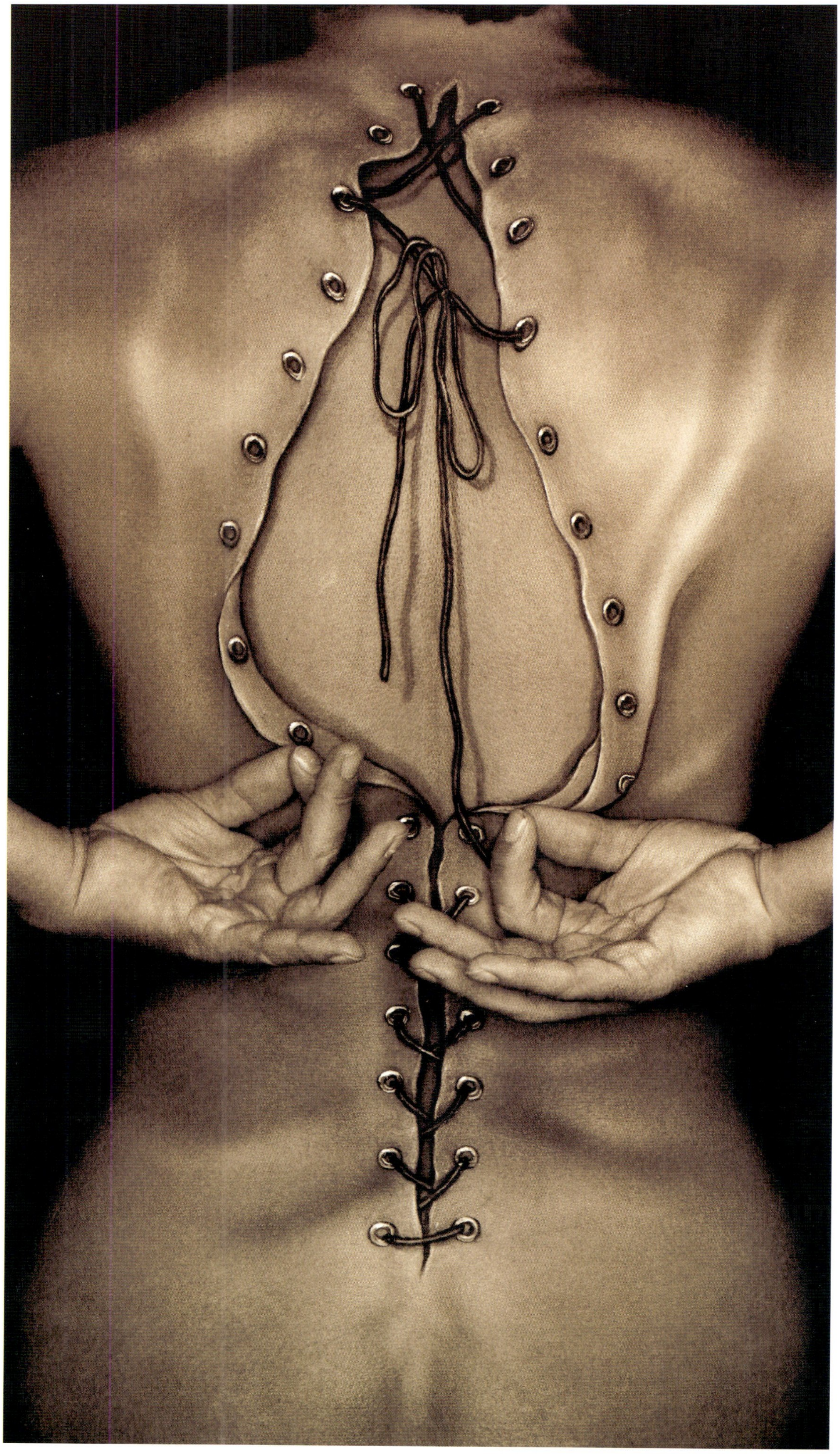

designed by 최지나

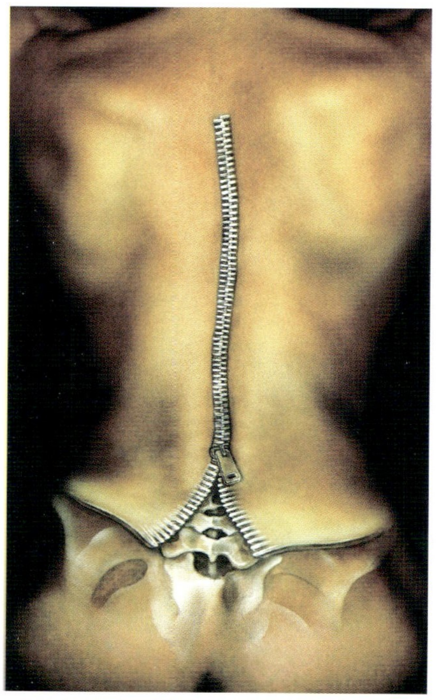

4) 액션페인팅 Action painting

물감을 떨어뜨리거나 뿌리는 등 우연적인 효과를 이용하는 동적이고 굵은 터치의 추상적인 표현방법이다. 그리는 행위 자체가 작품만큼 중요성을 가지는 표현기법이다.

designed by 최지나

5) 그래픽 Graphic

문자나 기호, 도형 등 주로 기하학적인 형태를 사용하여 자유롭게 디자인하는 기법으로 시각적인 효과가 크다. 반복적인 패턴으로 단조롭고 지루해지지 않도록 주의한다.

6) 에어브러시 Air Brush

손으로 작업한 것보다 섬세한 그라데이션과 질감표현이 가능하며 작업시간을 줄일 수 있는 장점이 있다. 스텐실은 직접 제작하여 독특한 형태로 표현할 수 있다.

designed by Eugene Pokotilov

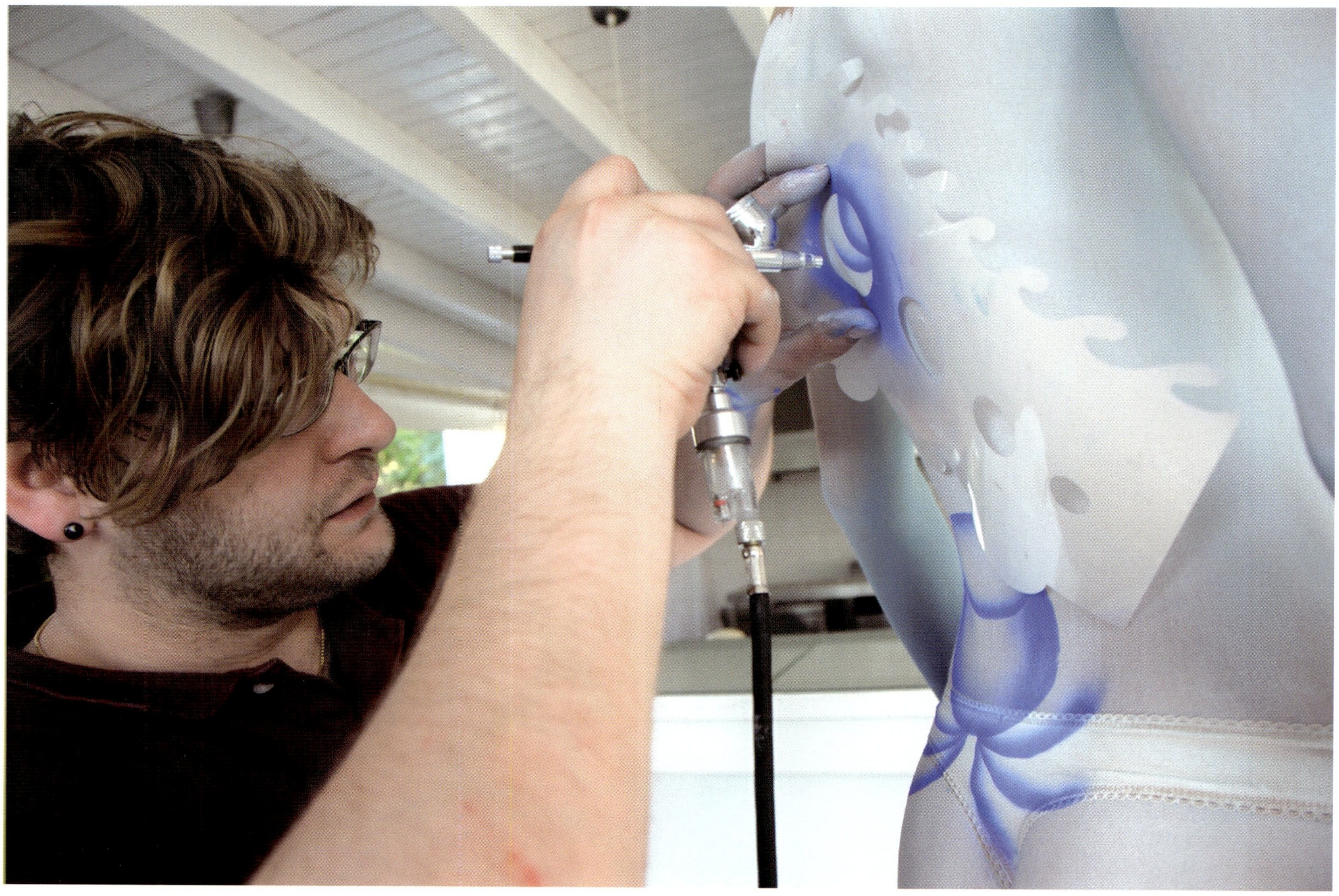

CHAPTER 3

아트
메이크업
디자인 스케치

아트 메이크업 디자인 스케치

1) 디자인 기초

컬러 차트

파운데이션

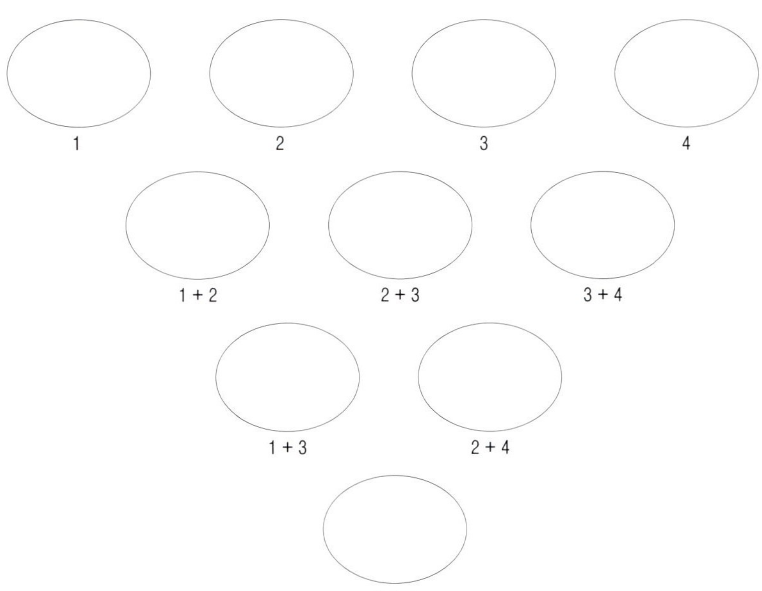

아이섀도

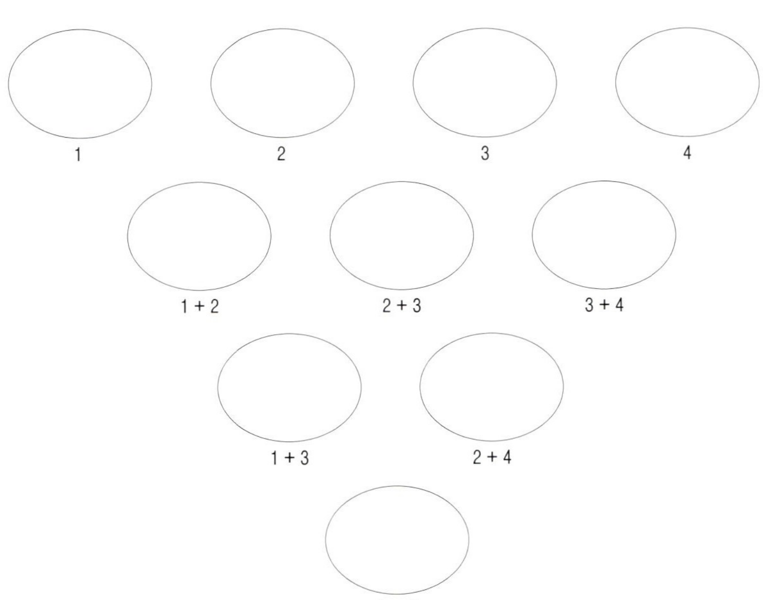

립

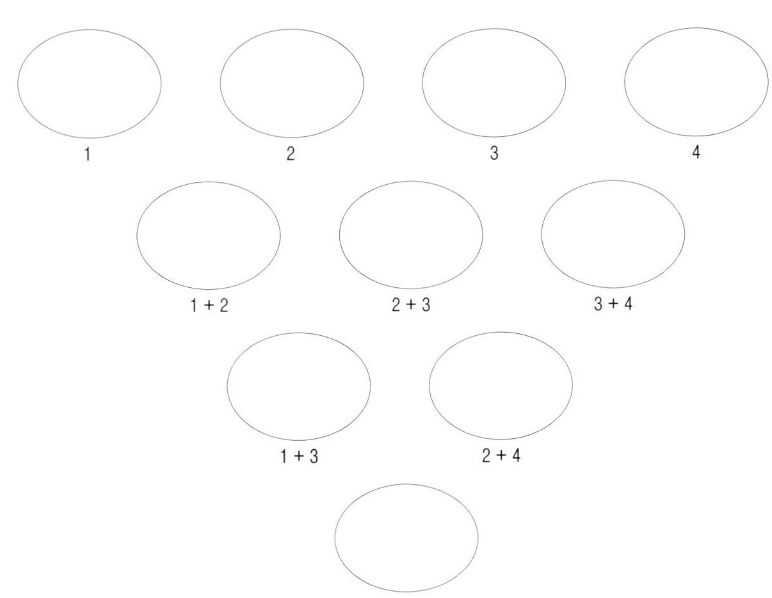

아이섀도 테크닉

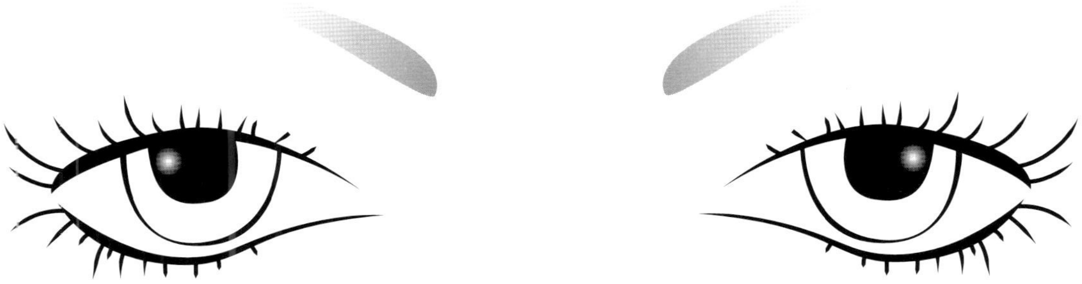

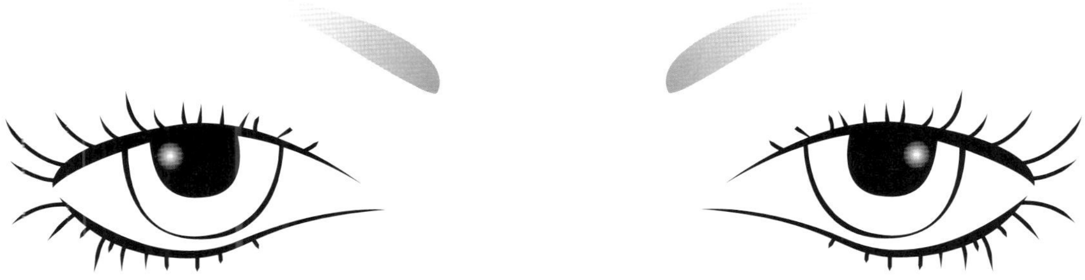

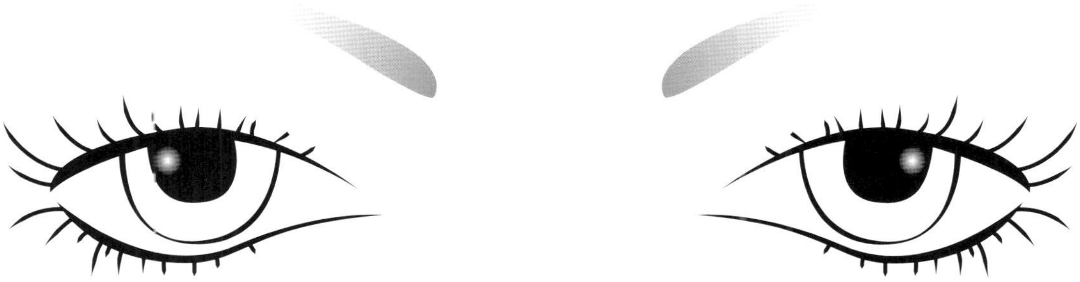

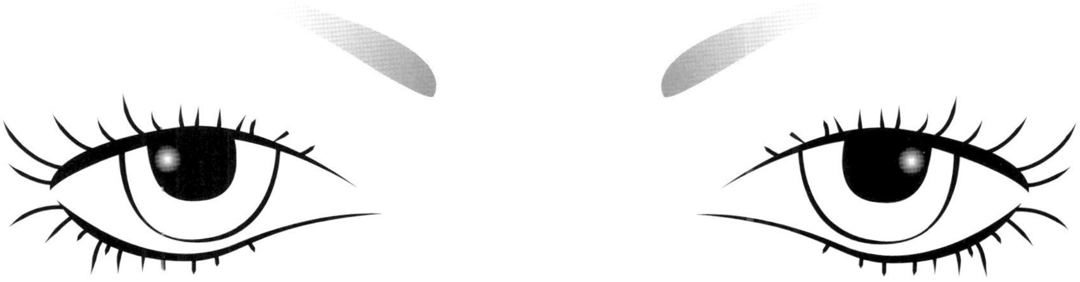

2) 시대별 메이크업

클라라 보우 Clara Bow, 1905~1965

미국 헐리우드 무성영화 시대의 대표적인 육체파 여배우다. 1920년대의 팜므파탈 이미지의 성적 매력 외에 헝클어진 곱슬머리, 창백한 얼굴, 가늘게 다듬고 다시 정교하게 연필로 길고 처지게 표현한 눈썹, 헤어밴드 아래로 크고 검게 화장한 게슴츠레한 눈이 특징이다. 특히 입술을 검붉은 입술로 선명하고 진하게 그려 '큐피트의 활Cupid's bow'이라 불렸다. 이 시대 메이크업의 가장 큰 특징은 이전까지의 자연스러운 모습에서 벗어나 인위적인 아름다움을 만드는 것이었다.

이미지 맵

그레타 가르보 Greta Garbo, 1905~1990

1930년대 스웨덴 출신의 헐리우드 대표적인 미녀배우로 신비스러운 내면적 아름다움과 관능적인 매력을 가졌다. 1930년대는 경제공황으로 인한 침체기를 겪으면서 현실의 어려움으르부터 도피하고자 하는 심리를 반영하여 영화 속의 화려함과 메이크업, 헤어스타일이 유행에 큰 영향을 미쳤다. 그레타 가르보는 얼굴 전체에 팬케이크를 이용해 두껍게 파운데이션을 바르고 턱을 좁게 하는 어두운 색상의 파운데이션을 바른 뒤, 여성스러움을 강조한 정교하면서도 가는 갈색 아치형 모양의 눈썹과 브라운 색상으로 아이홀의 음영을 강조하고, 눈썹 뼈와 아이홀 안쪽에 흰색 하이라이트를 주고 긴 속눈썹을 강조해 눈이 깊어 보이도록 하였다. 입술은 브라운 또는 다홍색 립스틱으로 입술산이 각진 인커브형으로 표현하였다.

이미지 맵

마릴린 먼로 Marilyn Monroe, 1926~1962

1950년 당대 최고의 섹스심볼로 블론드 헤어, 가늘고 불안정한 목소리와 부드럽고 풍만한 글래머러스한 몸매, 지적으로 조금 모자라는 듯한 백치미와 관능미의 조화된 이미지로 관객들에게 어필하였다. 마릴린 먼로는 다소 인위적인 메이크업을 하였는데 밝은 피부톤과 함께 다소 굵고 각진 눈썹을 그리고, 아이홀에 살구색과 밝은 브라운으로 음영을 주고 눈 중앙에 밝은 색으로 하이라이트를 주어 입체감을 살렸다. 또한 눈 바깥쪽으로 길게 붙인 풍성한 인조 속눈썹, 아웃커브 형태의 붉은 입술에 애교점을 찍어서 섹시한 이미지를 최대한 표현하였다.

마릴린 먼로 이미지 카피

이미지 맵

오드리 헵번 Audrey Hepburn, 1929~1993

벨기에 출신인 오드리 헵번은 '로마의 휴일'로 아카데미 여우주연상을 받았으며 이후 '사브리나', '티파니에서 아침을', '마이페어 레이디' 등에서 티 없이 맑은 소녀 같고 순진한 여성상을 표출하여 지금까지도 사랑받고 있는 배우이다. 오드리 헵번은 밝고 깨끗한 피부 표현과 두껍고 각진 눈썹, 피치 또는 브라운 색상으로 자연스러운 아이홀 기법을 표현해 주고 액상 아이라이너로 끝을 살짝 치켜 올려주어 사슴같이 큰 눈을 강조해 주었다. 입술화장은 베이지 핑크나 피치로 최대한 자연스럽게 표현해 주었으며 짧은 컷 헤어스타일의 요정 같은 우아함으로 패션계에서도 주목을 받으며 많은 영향을 끼쳤다.

오드리 헵번 이미지 카피

이미지 맵

트위기 Twiggy, 1949~

1960년대를 대표하는 아이콘으로 영국 출신의 유명 모델이자 배우로서 어린아이처럼 아이홀을 그리고 속눈썹을 위아래로 붙인 동그란 눈을 강조하였고 그와 반대로 거의 눈에 띄지 않게 그려진 작은 입과 장밋빛 볼, 가짜 주근깨, 연약하고 중성적인 보이시한 이미지로 기존의 미인들과는 다른 독특한 매력을 주었다. 비달 사순이 디자인한 숏컷 헤어는 기하학적인 커팅을 이용한 것으로 일명 '트위기 컷'으로 유행하였고 패션디자이너 메리 콴트가 만든 미니스커트는 트위기의 대표적인 이미지를 만들어냈다. 또한 자연주의적 경향으로 새, 동물, 나비, 꽃이나 기하학적 무늬를 인위적이고 장식적으로 그려 화려하고 자유분방함을 표현한 메이크업이 등장하기도 했다.

최근 트위기는 모델 서바이벌 프로그램 도전 슈퍼모델America's Next Top Model 시리즈에 심사위원으로도 등장해 많은 팬들에게 여전한 모습을 선보였다.

트위기 이미지 카피

이미지 맵

디스코 펑키 Disco-Punky

1970년대는 패션에 있어서 개성이 존중되었던 시기로 스트리트패션과 하이패션이 공존했으며, 급격한 과학 발달에 의한 회의, 청년실업의 장기화 등으로 인해 젊은이들 사이에서는 저항을 상징하는 펑크Punk문화가 형성되었다. 디스코 펑키는 기존의 정형화된 틀에서 벗어나 독창적인 화장법과 헤어스타일, 복장을 특징으로 한다. 또한 1977년 '토요일밤의 열기Saturday Night Fever'가 세계적으로 히트하여 디스코 붐을 일으켰다. 디스코는 1970년대 말 한국에서도 젊은 층에 인기를 모아 이른바 디스코 풍조가 널리 퍼져 펑크룩·디스코뮤직·디스크자키라는 풍속이 유행하였다.

영화 '토요일 밤의 열기'

이미지 맵

레이디 가가 Lady Gaga, 1986~

미국의 싱어송라이터이자 행위예술가로 1986년 미국에서 태어난 레이디 가가의 본명은 스테파니 조안 저마노타이다. 브리트니 스피어스 등 유명 가수의 노래를 작곡하면서 경력을 쌓았으며, 파격적인 패션과 음악으로 화제를 모으며, 아티스트이자 글로벌 트렌드를 주도하는 대중스타로 자리매김하였다. 번개를 연상하게 하는 위트 넘치는 반쪽 메이크업, 비즈를 활용한 화려하고 우아한 메이크업, 새빨갛게 노출된 입술 등 그녀의 변신은 늘 기대 이상이다.

이미지 맵

3) 패션쇼 Fashion show

패션쇼는 시즌별로 메이크업을 포함한 의상과 액세서리, 헤어 등의 세계적인 트렌드 방향에 결정적인 역할을 한다. 패션쇼 메이크업은 디자이너가 의상을 통해 전달하고자 하는 메시지가 무엇인지를 이해하게 하고 조명, 의상, 헤어스타일 등 전문 분야와의 완벽한 조화를 이루어 브랜드의 특성을 잘 파악하도록 한다.

designed by Eugene Pokotilov
photo by Nouvelle Vague

이미지 맵

4) 발레 Ballet

발레는 여성의 우아하고 아름다운 곡선미와 남성의 활기찬 움직임을 보여줄 수 있는 무대예술이며 먼저 작품을 충분히 이해하면서 배우들의 캐릭터를 잘 나타낼 수 있어야 한다. 또한 얼굴 표정의 선·면 등이 화려하면서도 뚜렷하게 표현되어야 멀리 있는 관객도 볼 수 있다. 연출자의 의도나 무대 배경, 무대 조명, 의상, 소품 등을 면밀히 분석해 전체적인 느낌이 하나가 될 수 있도록 해야 된다.

designed by 박미정

이미지 맵

5) 뮤지컬 Musical ·오페라 Opera

배우를 극본에서 요구하는 인물로 만들기 위해 시대, 연령, 성격, 건강상태, 사회적 환경, 유전적 특징, 직업 등을 시각적으로 나타내야 하므로 메이크업은 평면적인 메이크업보다 입체감이 나도록 음영과 하이라이트 등의 강약에 중점을 두어야 한다.

세세한 선보다는 큰 선으로 최대한 얼굴 골격구조에서 오는 표정이 관객들에게 잘 보이도록 해야 하며, 무대용 인조 속눈썹을 크게 달아주며 얼굴이 반사되지 않도록 파우더를 충분히 칠해 주고 특히 땀에 잘 견디는 제품을 사용하는 것이 좋다.

designed by 전문분장팀 Face Off 대표 임유경

이미지 맵

6) 스포츠 댄스 Sports Dance

스포츠 댄스는 스포츠 요소가 가미된 사교 댄스로 스포츠적 특성은 물론 무용과 음악 그리고 연극적 요소가 접목되어 있으며 스포츠 예술적 틀을 갖춘 시간예술, 공간예술, 시각예술, 지각예술이 연계된 종합예술이다. 눈매를 강하게 표현해 주는 것이 포인트이며 색상은 의상색상에 맞추는 게 좋다. 펄파우더, 샤이닝파우더, 글리터 제품을 최대한 많이 활용해서, 화려하고 건강하며 섹시하게 보일 수 있는 것에 중점을 두며, 무대, 의상, 조명과 잘 어울리도록 하며 시간이 경과하여도 얼룩이 지지 않도록 유의한다.

http://www.aeryjo.co.kr/

이미지 맵

7) 페이스 페인팅 Face painting

물감을 이용하여 '얼굴에 칠하는 것'으로 원시시대부터 자연의 색을 이용하여 얼굴에 페인팅함으로써 자신의 의지를 표현하였고 현대인들에게 페이스 페인팅은 자신들의 다양한 의지표현을 목적으로 사용된다.

꽃 패턴 Flower pattern

designed by 박미정

이미지 맵

designed by 박미정

이미지 맵

그래픽 판타지 Graphic Fantasy

기하학적 문양이나 선과 점의 배열로 추상적이고 즉흥적인 이미지의 작품을 표현할 수 있다. 디자인한 문양을 스펀지를 이용하여 찍어주면 효과적이다.

designed by Eugene Pokotilov
hair by Min Kyu Park

이미지 맵

에스닉 판타지 Ethnic Fantasy

에스닉이란 '인종의', '민족 특유의'라는 의미이며 각국의 민족적인 독특한 컬러와 선을 살려주는 것이 특징이다. 메이크업에 있어서도 아티스트의 예술적 감각을 잘 나타낼 수 있다.

피에로 Pierrot

피에로란 18세기 이후 프랑스에서 무언극의 등장으로 발달한 무대에서 관중들을 웃기는 익살꾼으로, 페인팅 시 희노애락의 감정을 다소 과장되게 표현하는 것이 포인트다. 흰색 베이스에 원색 등을 기본색으로 표현하며 동그란 원을 코와 입술 주변에 그리는데 특히 아랫입술을 중심으로 양쪽으로 크게 그린다. 헤어스타일은 웨이브의 대머리 가발이나 컬러 가발 등 의상 색에 맞추어 다양하게 사용한다.

photo by Hairgraphy

photo by Nouvelle Vague

designed by 박미정

이미지 맵

마스크 Mask · **아트 마스크** Art Mask

마스크Mask 기법은 마스크를 쓴 것처럼 표현해야 하기 때문에 깨끗한 베이스 표현과 번짐에 유의해야 한다. 요즘 메이크업 대회 및 메이크업 관련 전시회, 졸업작품전에서 많이 활용되고 있는 아트 마스크Art Mask 부분은 인조조형 얼굴 마스크아크릴, 플라스틱, 종이를 사용하여 주제에 맞는 아트 페인팅을 창조적으로 자유롭게 표현하는 작업이다.

마스크

designed by Eugene Pokotilov
photo by Nouvelle Vague

아트 마스크

이미지 맵

오브제 Objet

패브릭이나 깃털, 꽃잎, 머드, 석고, 종이, 금속 조각 등 다양한 소재를 직접 바르거나 붙여서 자유로운 발상과 독창적인 작품 표현에 효과적인 기법이다.

designed by Eugene Pokotilov
photo by hairGRAPHY

이미지 맵

8) 바디 페인팅 Body painting

회화

가장 일반적으로 사용되는 기법으로 꽃, 나비, 바다, 동물 등의 자연물과 같은 구체적인 소재를 통하여 이미지를 형상화하거나 실제 존재하지 않는 상상 속의 동물 형상을 표현하기도 한다. 브러시를 이용하여 독창적인 회화적 감각의 바디 페인팅으로 표현한다.

designed by 최지나

이미지 맵

미술사조 The trend of fine art

미술사조에서 영향을 받아 인체에 페인팅하는 것으로, 주로 유명작가의 그림에서 미적 특성을 파악하여 자신만의 아이디어로 재해석하여 디자인한다.

designed by Natalia Pavlova for KRYOLAN

이미지 맵

사이버 Cyber

'가상' 또는 '공상'이라는 의미로 캐나다의 공상과학 소설가 윌리엄 깁슨이 그의 공상 소설 『노이로만쉬Neuromancer』에서 처음 사용했다. 미래적이고 우주적인 이미지를 표현하기 위해 형광 제품, 펄, 글로스 등을 사용하며 컬러나 소재, 질감 표현에 주의한다.

designed by 최지나

이미지 맵

타투 Tatoo

다양한 컬러 연출과 더불어 영구문신과 같은 표현이 가능한 기법으로 블랙 색상을 기본으로 컬러 연출이 가능한 페인트 기법, 메탈릭한 느낌으로 표현하는 샤이닝, 글리터를 이용한 레인보우 기법이 있다. 세련되고 현대적인 감각으로 문양이 가진 독특한 상징적인 의미들을 개성 있게 표현할 수 있다.

designed by 타나리

이미지 맵

워터프루프 페인팅 Waterproof painting

여름철 바닷가, 수영장 등 물 속에 들어갈 경우 흐트러짐 없이 유지력이 강한 워터프루프 제품이 필요하며, 특히 싱크로나이즈드스위밍 선수들에게는 필수적이라 할 수 있다. 또한 일반 제품에 비해 피부 흡착력이 강하기 때문에 클렌징을 꼼꼼하게 해 주어야 한다.

designed by Nina Gorlushko

이미지 맵

에어브러시 Air brush

에어브러시를 사용하여 바디 페인팅하는 것으로 정교한 그라데이션을 보여주고 입체감 있게 표현할 수 있고 빠른 작업이 가능하다는 장점이 있다. 에어브러시 건을 브러시로 사용하는 프리핸드페인팅과 스텐실을 이용하여 작업할 수 있다.

designed by Eugene Pokotilov

이미지 맵

UV 바디 페인팅 UV Body painting

UV에 발광하는 물감으로 표현하는 형광 바디 페인팅이다. 블랙라이트 조명과 함께 강렬한 시각적 효과로 화려한 무대공연이나 이미지를 연출할 때 적합하다. 무대 공연에서의 바디 페인팅은 일반 바디 페인팅과는 달리 움직임이 많으므로 점과 선을 이용한 디자인이 효과적이다.

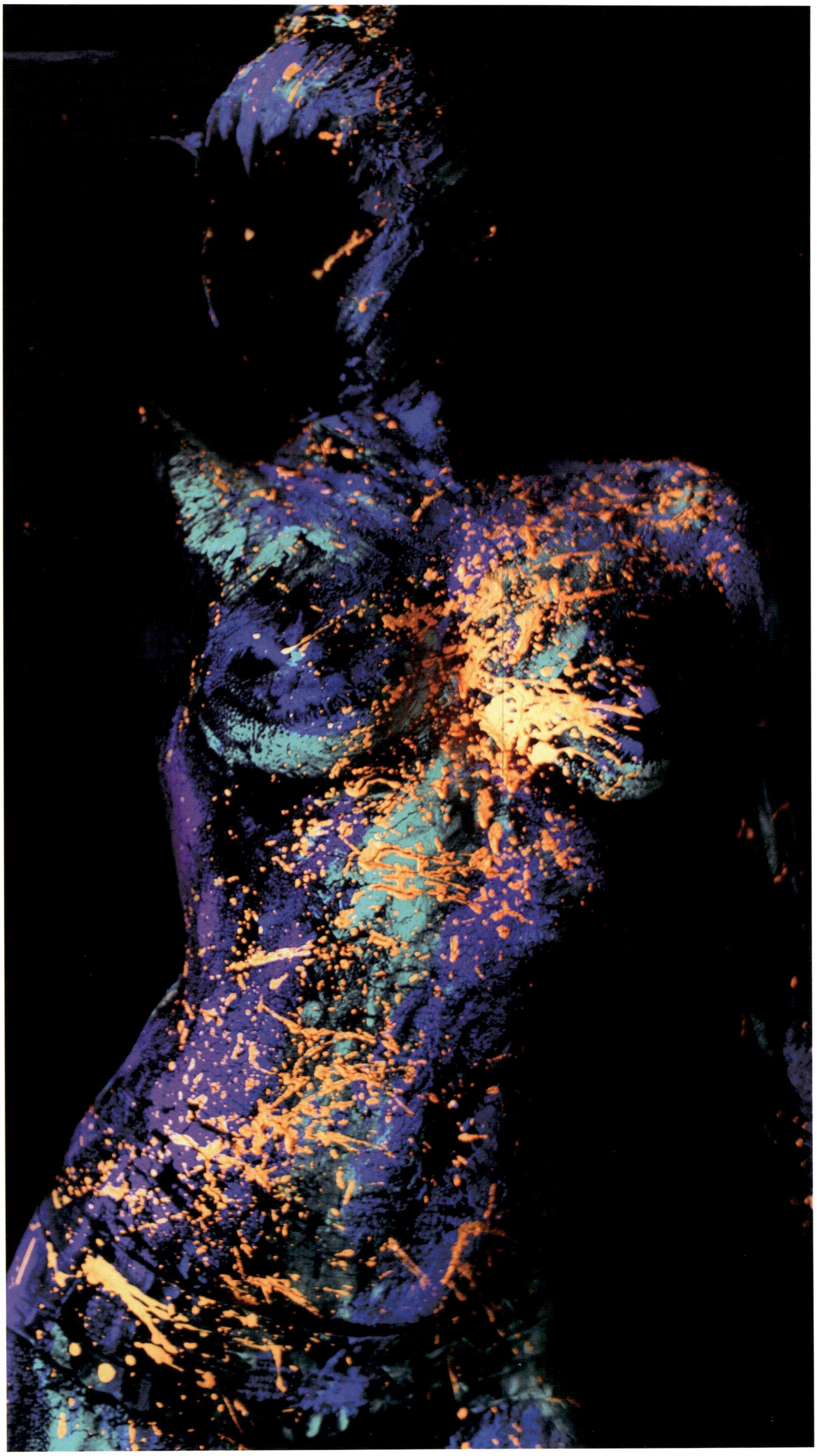

designed by Eugene Pokotilov

이미지 맵

CHAPTER 4

디자인 실습

Face Design

Concept ______________________

Base Make-Up ______________________

Eye Make-Up ______________________

Cheek ______________________

Lip ______________________

Face Design

Concept ______________________

Base Make-Up ______________________

Eye Make-Up ______________________

Cheek ______________________

Lip ______________________

Face Design

Concept ______________________

Base Make-Up ______________________

Eye Make-Up ______________________

Cheek ______________________

Lip ______________________

Face Design

Concept ______________________

Base Make-Up ______________________

Eye Make-Up ______________________

Cheek ______________________

Lip ______________________

Face Design

Concept ______________________

Base Make-Up ______________________

Eye Make-Up ______________________

Cheek ______________________

Lip ______________________

Face Design

Concept ______________________

Base Make-Up ______________________

Eye Make-Up ______________________

Cheek ______________________

Lip ______________________

Face Design

Concept ______________________

Base Make-Up ______________________

Eye Make-Up ______________________

Cheek ______________________

Lip ______________________

Face Design

Concept ______________________

Base Make-Up ______________________

Eye Make-Up ______________________

Cheek ______________________

Lip ______________________

Face Design

Concept

Base Make-Up

Eye Make-Up

Cheek

Lip

Face Design

Concept ______________

Base Make-Up ______________

Eye Make-Up ______________

Cheek ______________

Lip ______________

Face Design

Concept ______________________

Base Make-Up ______________________

Eye Make-Up ______________________

Cheek ______________________

Lip ______________________

Face Design

Concept ________________

Base Make-Up ________________

Eye Make-Up ________________

Cheek ________________

Lip ________________

Face Design

Concept

Base Make-Up

Eye Make-Up

Cheek

Lip

Face Design

Concept ______________________

Base Make-Up ______________________

Eye Make-Up ______________________

Cheek ______________________

Lip ______________________

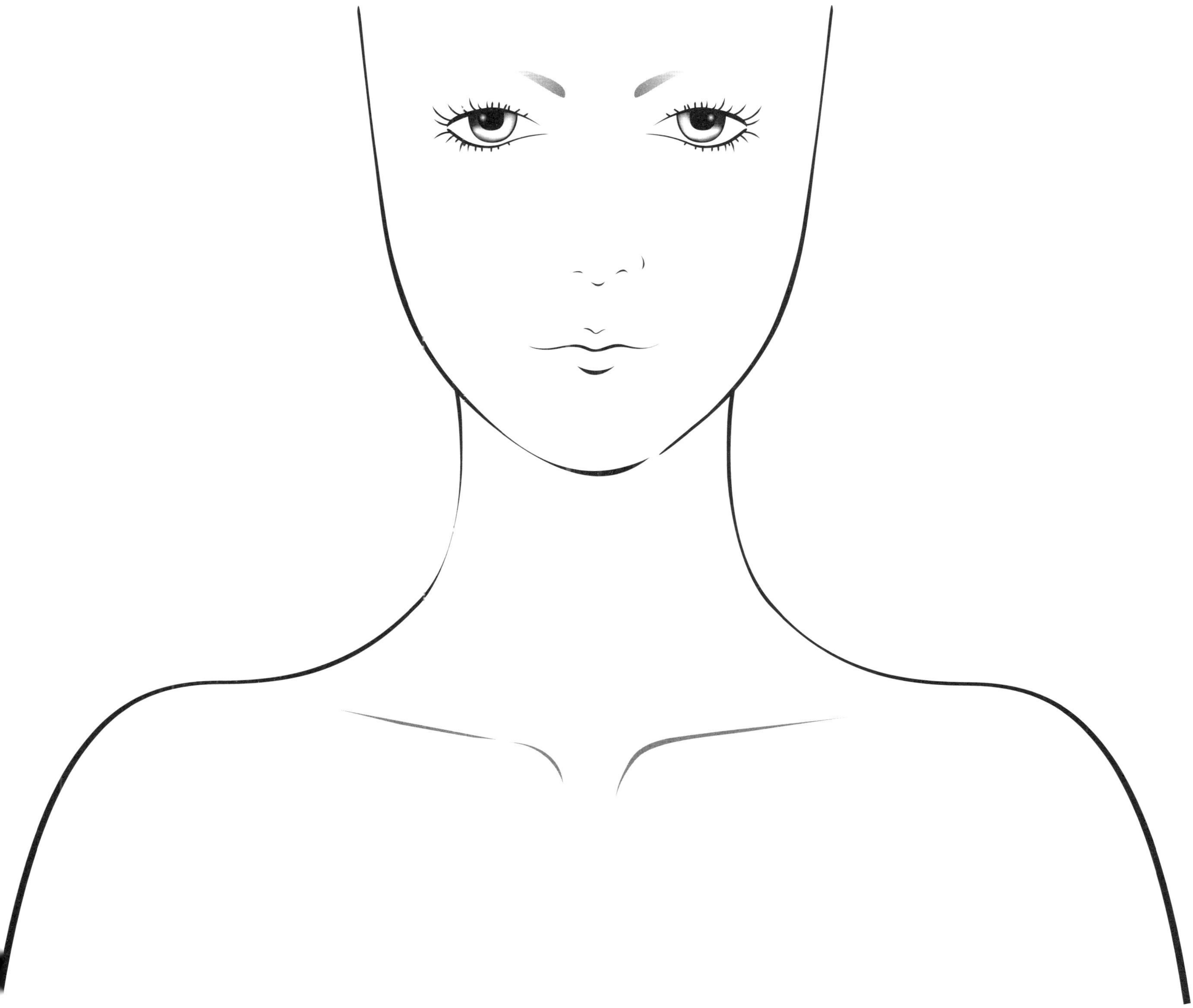

Face Design

Concept ______________________

Base Make-Up ______________________

Eye Make-Up ______________________

Cheek ______________________

Lip ______________________

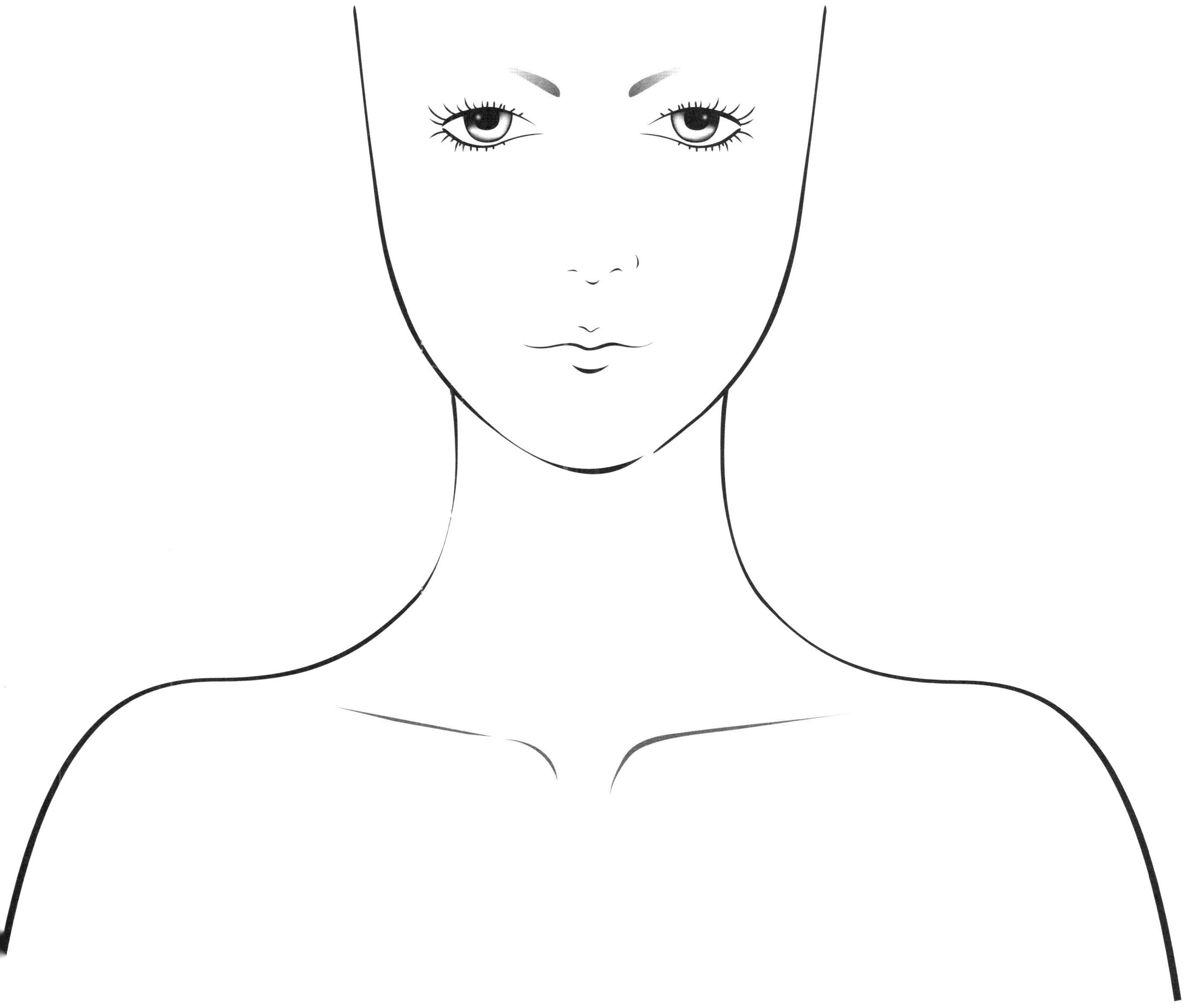

Face Design

Concept

Base Make-Up

Eye Make-Up

Cheek

Lip

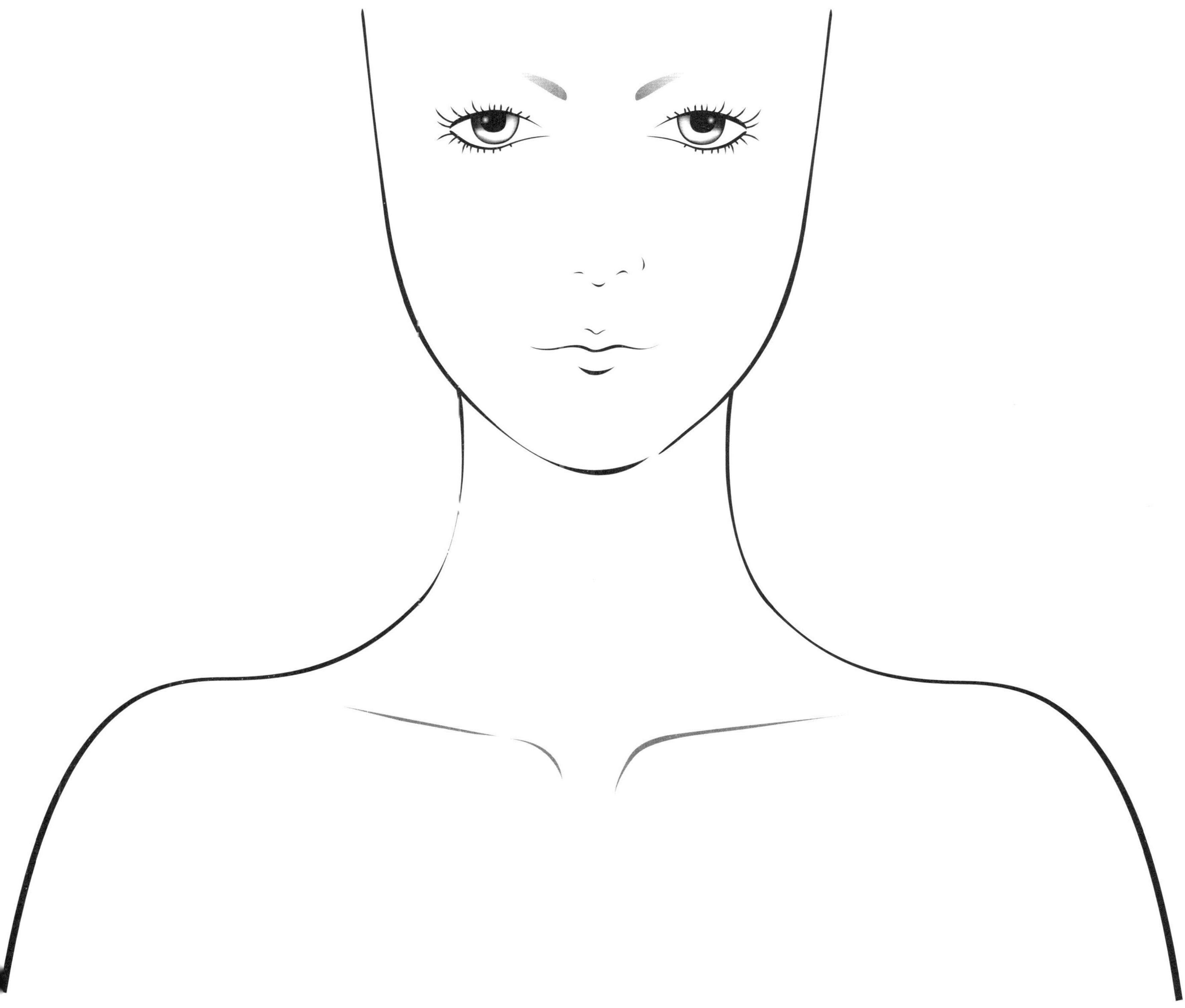

Face Design

Concept ______________________

Base Make-Up ______________________

Eye Make-Up ______________________

Cheek ______________________

Lip ______________________

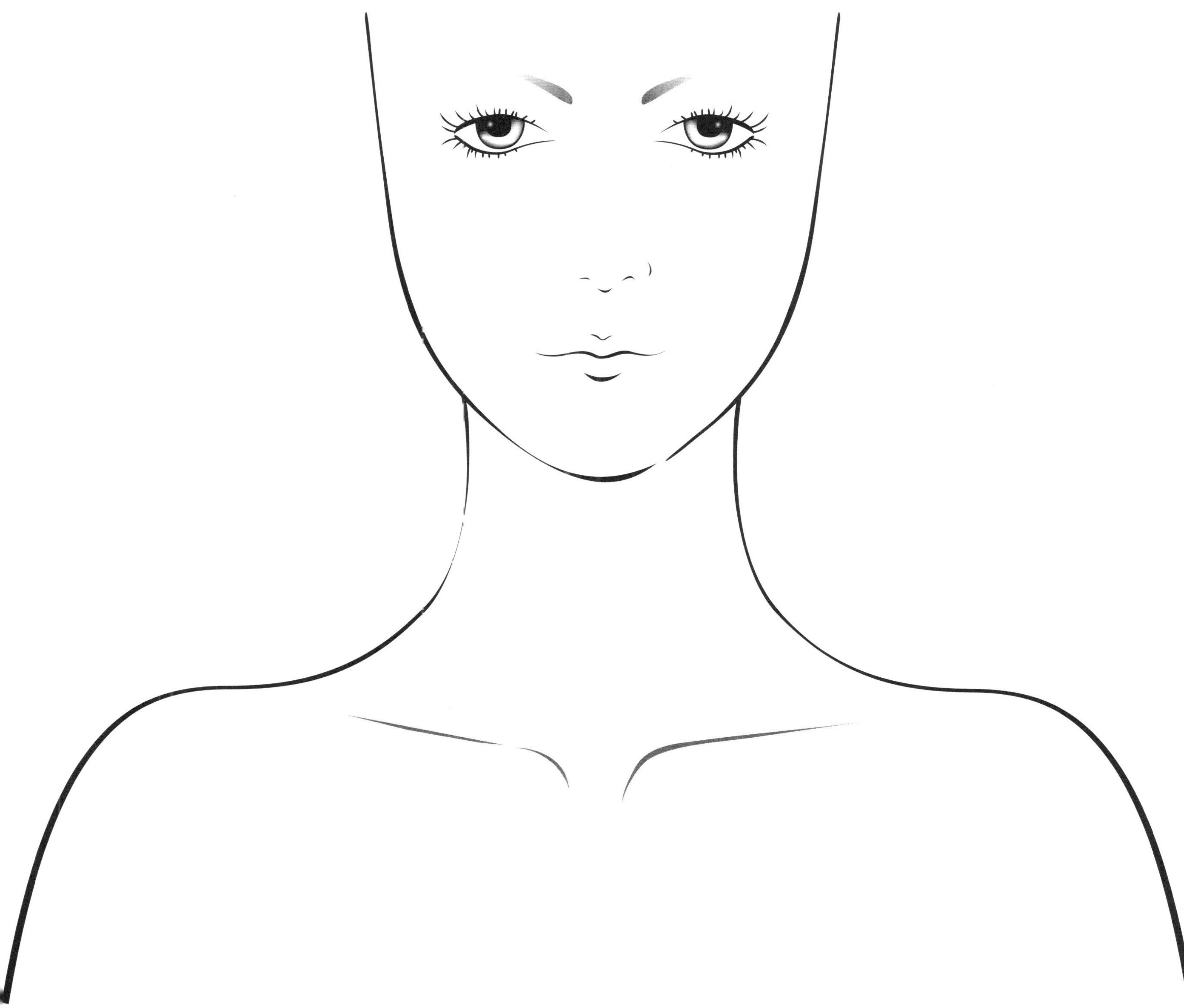

Face Design

Concept ____________________

Base Make-Up ____________________

Eye Make-Up ____________________

Cheek ____________________

Lip ____________________

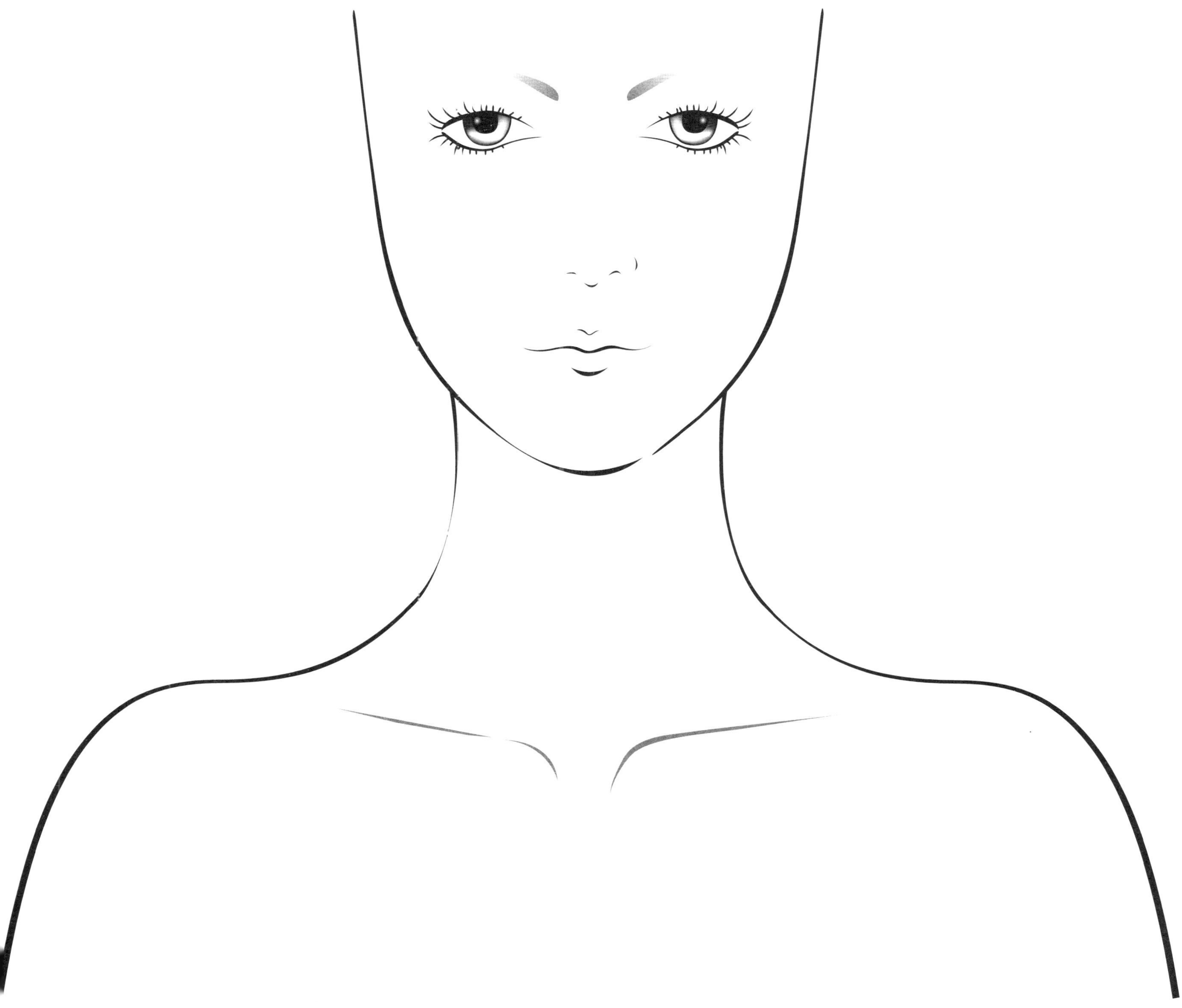

Face Design

Concept ______________________

Base Make-Up ______________________

Eye Make-Up ______________________

Cheek ______________________

Lip ______________________

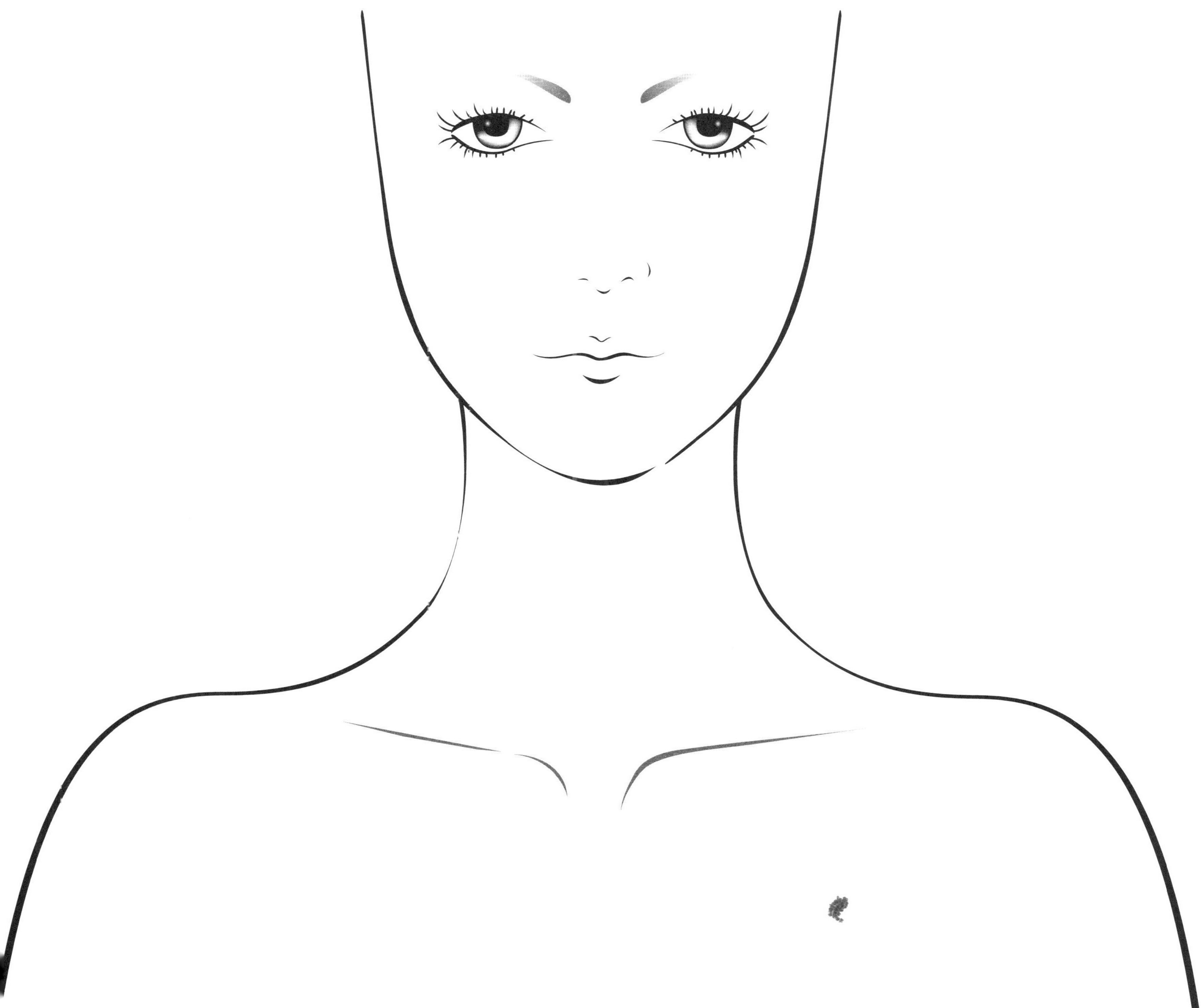

Face Design

Concept ____________________

Base Make-Up ____________________

Eye Make-Up ____________________

Cheek ____________________

Lip ____________________

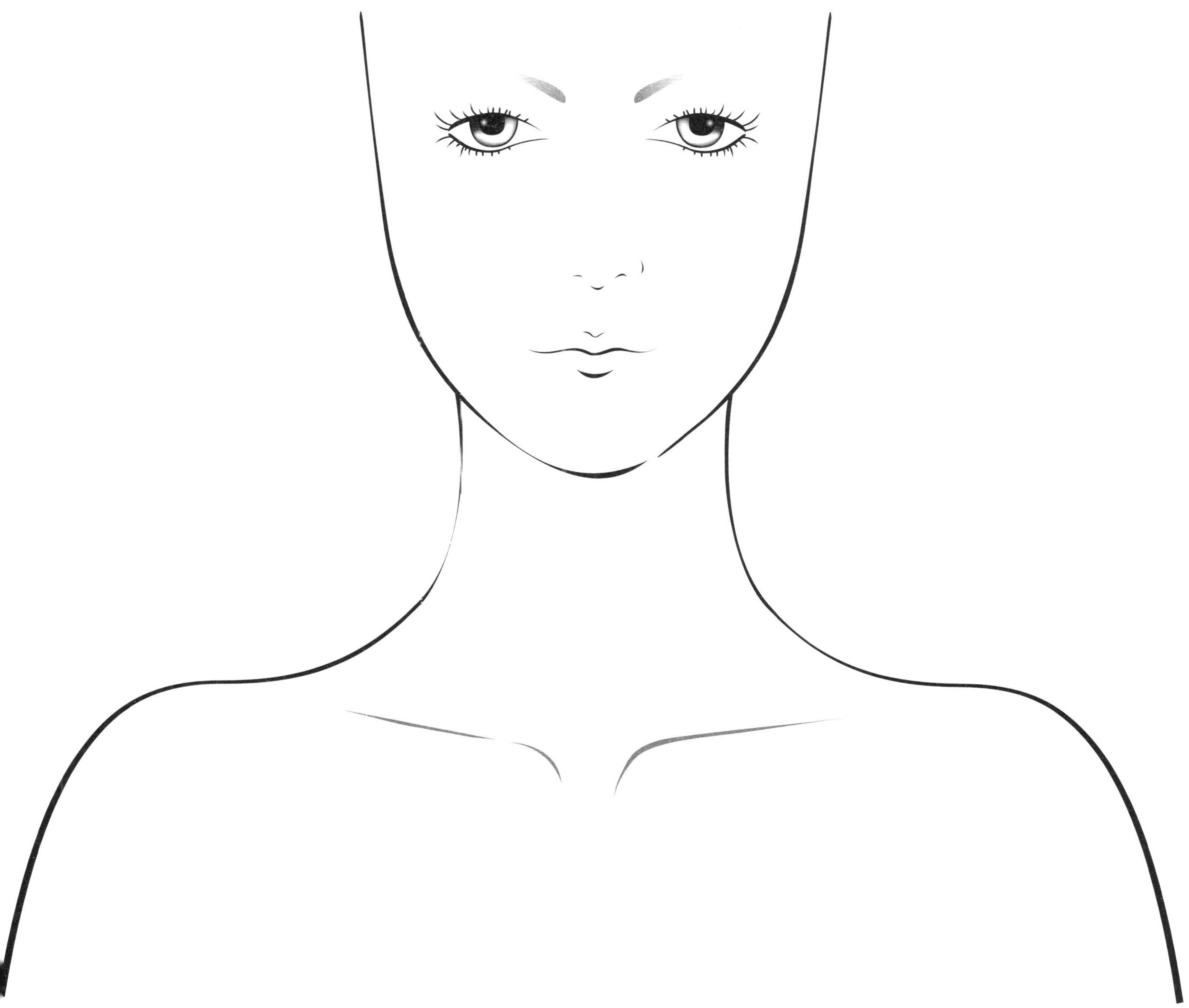

Face Design

Concept ____________________

Base Make-Up ____________________

Eye Make-Up ____________________

Cheek ____________________

Lip ____________________

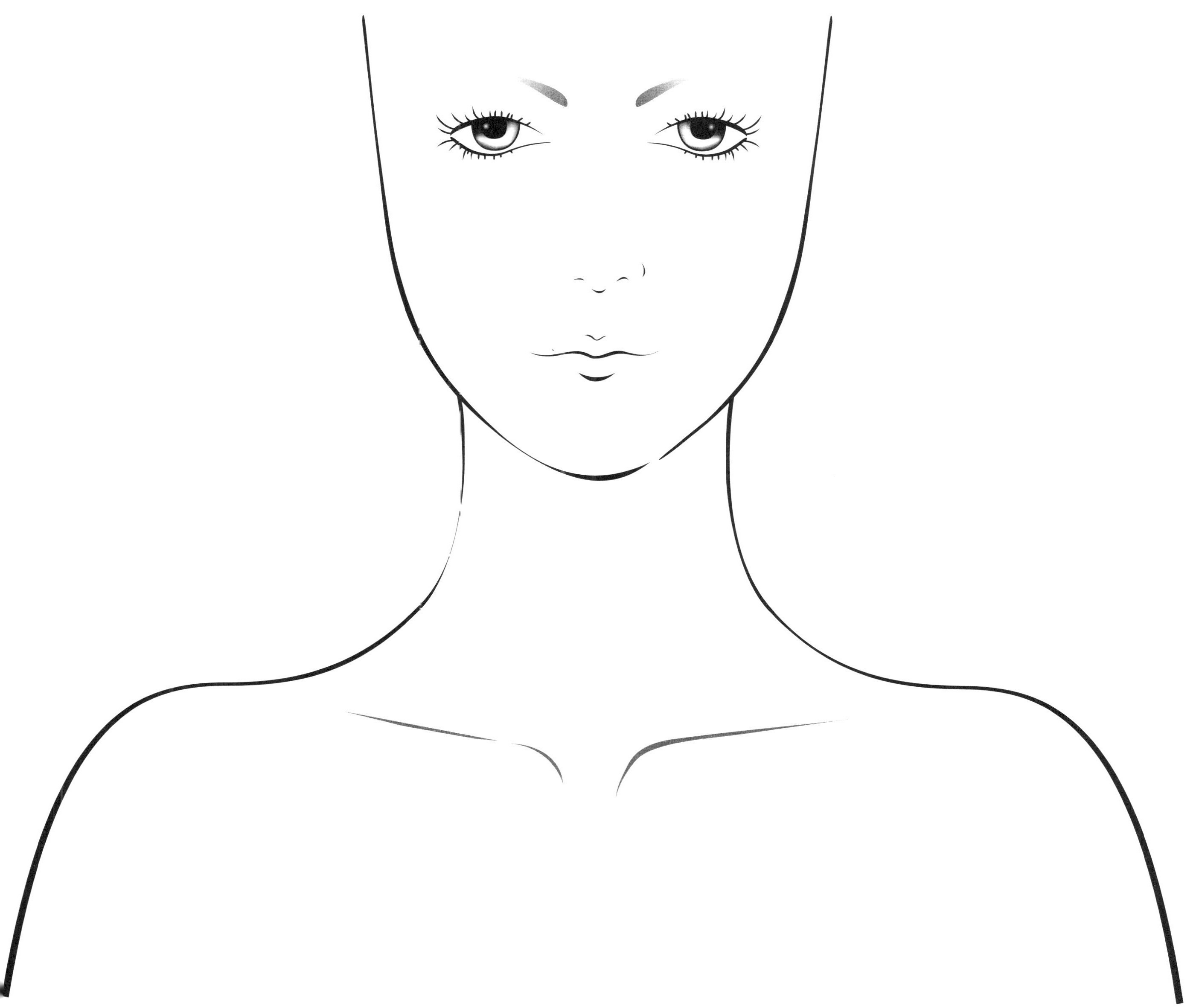

Body Design

Concept
Color
Texture
Hair Styling
Accessory

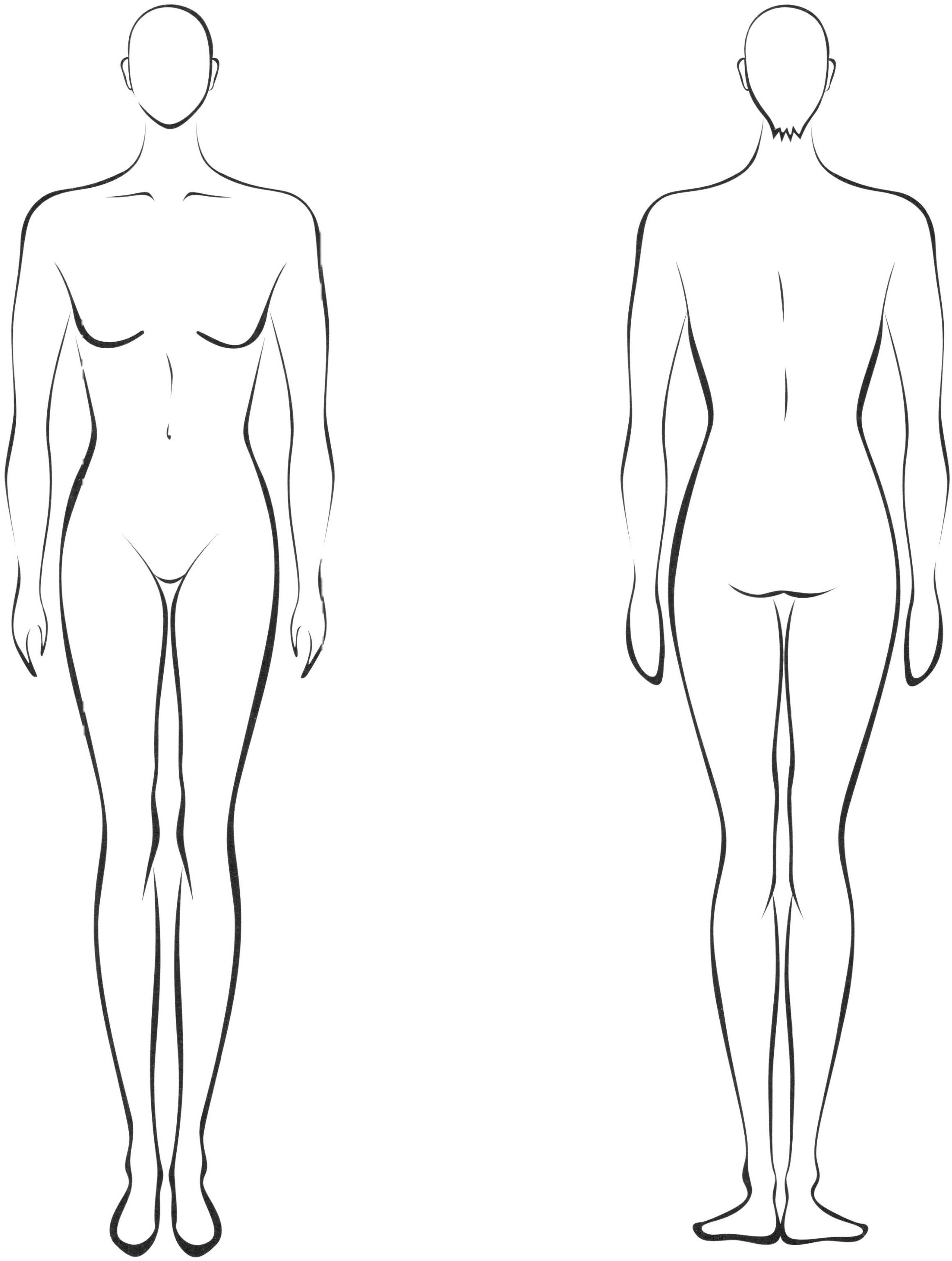

Body Design

Concept ____________

Color ____________

Texture ____________

Hair Styling ____________

Accessory ____________

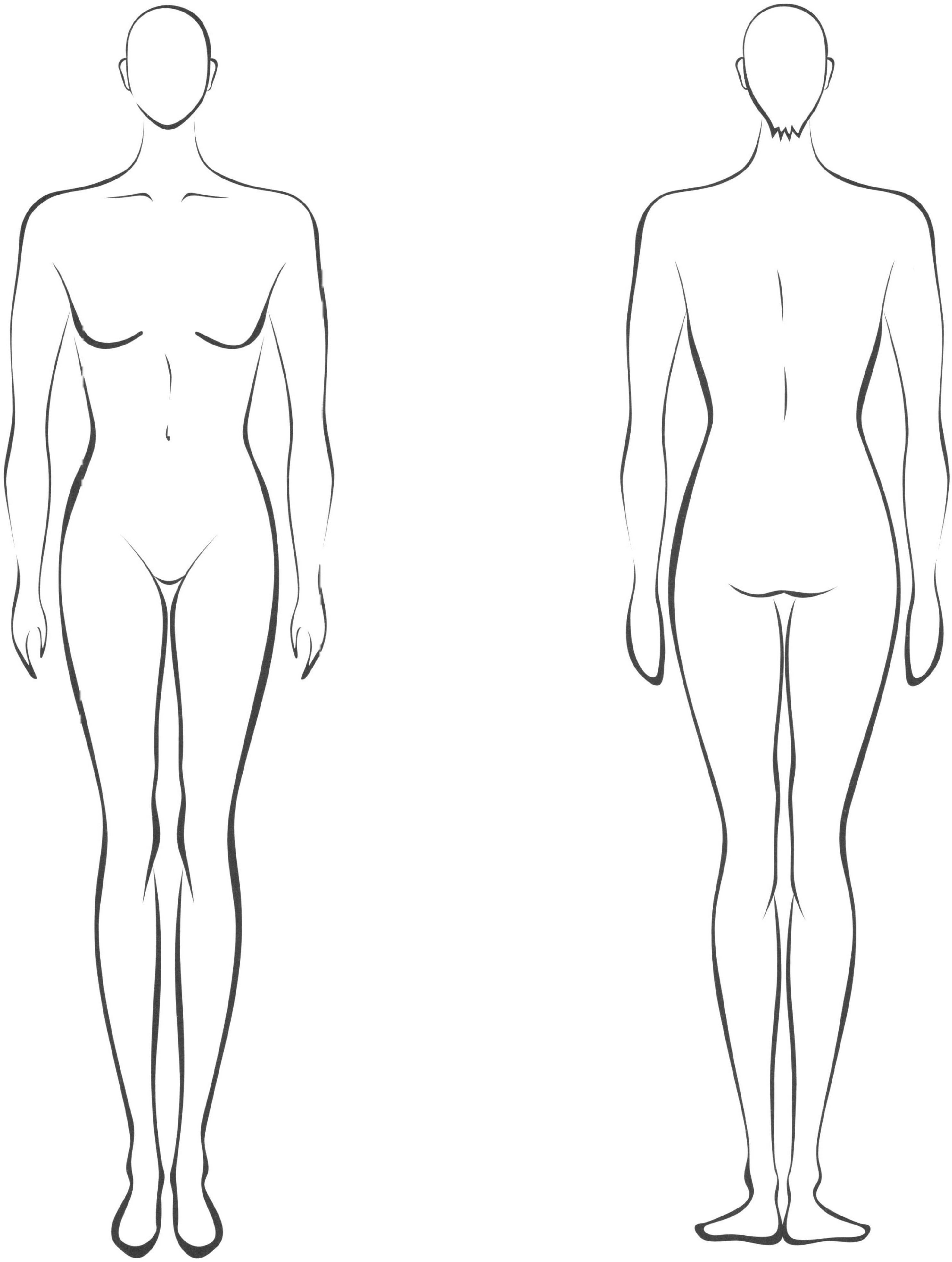

Body Design

Concept ______

Color ______

Texture ______

Hair Styling ______

Accessory ______

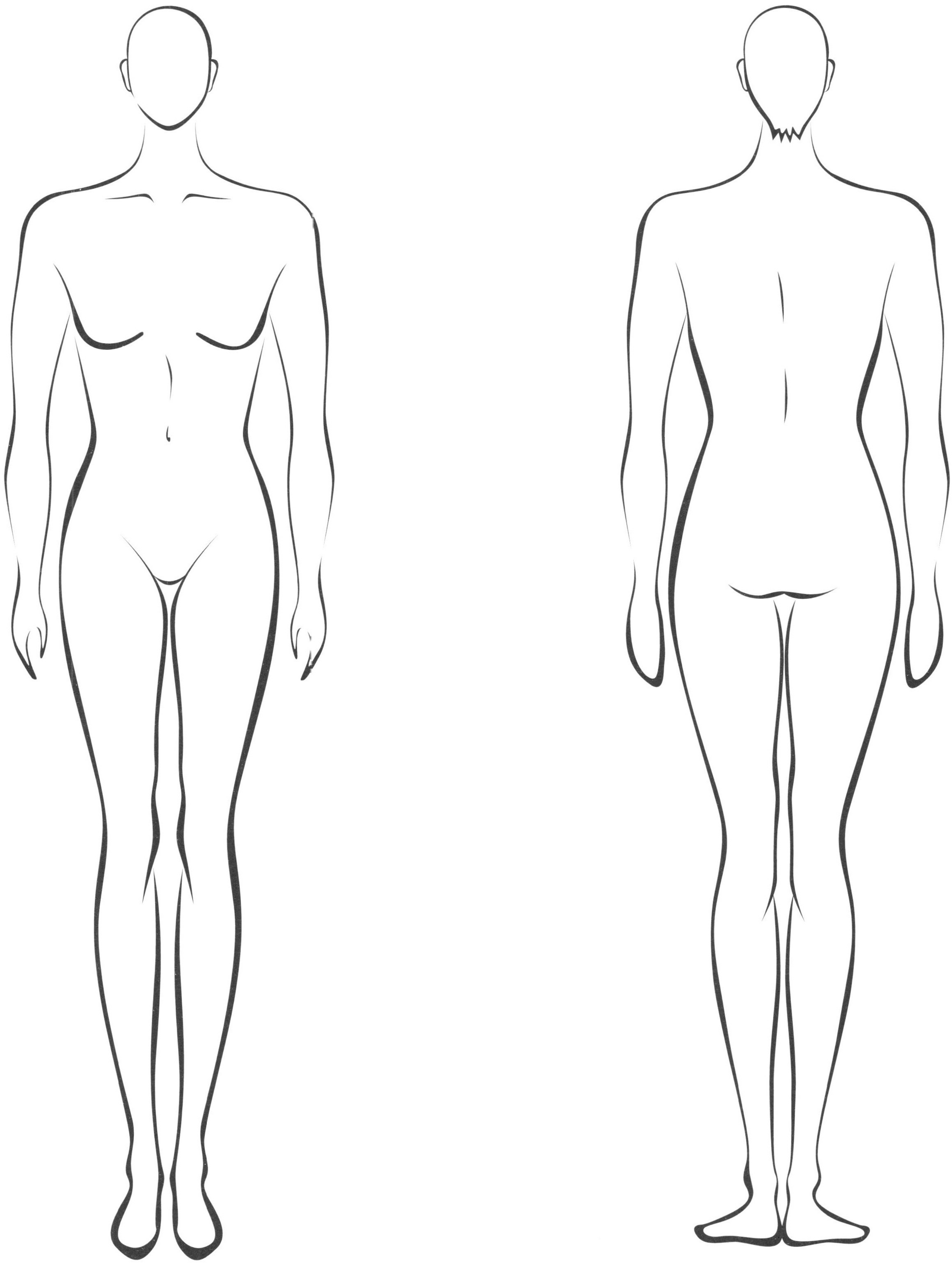

ART MAKE UP DESIGN BOOK

참고문헌

김양은 외(2009). ART Make-up. 광문각.
김영숙 외(2006). ART MAKE-UP. 예림출판사.
오인영 외(2010). Art Make up Design. 훈민사.
한국미용학회(2003). 미용학사전(p.573). 신광출판사.

제품 이미지 협찬

메이크업 포에버 make up for ever / 아틀리에 atelier / 머스테브 mustaev
애리조 aeryjo / 지나바디아트 / 엔시엘 Nciel

ART MAKE UP DESIGN BOOK

찾아보기